冰盒蛋糕

不用烤箱也能做出来的蛋糕！

李 程◎主编

CNS 湖南科学技术出版社

图书在版编目（CIP）数据

冰盒蛋糕 / 李程主编. -- 长沙 : 湖南科学技术出版社, 2017.4
ISBN 978-7-5357-9089-7

Ⅰ. ①冰… Ⅱ. ①李… Ⅲ. ①蛋糕－糕点加工 Ⅳ. ①TS213.2

中国版本图书馆 CIP 数据核字(2016)第 237420 号

BING HE DANGAO
冰盒蛋糕
主　　编：李　程
责任编辑：杨　旻　李　霞
策　　划：深圳市金版文化发展股份有限公司
版式设计：深圳市金版文化发展股份有限公司
封面设计：深圳市金版文化发展股份有限公司
摄影摄像：深圳市金版文化发展股份有限公司
出版发行：湖南科学技术出版社
社　　址：长沙市湘雅路 276 号
http://www.hnstp.com
湖南科学技术出版社天猫旗舰店网址：
http://hnkjcbs.tmall.com
邮购联系：本社直销科 0731-84375808
印　　刷：深圳市雅佳图印刷有限公司
（印装质量问题请直接与本厂联系）
厂　　址：深圳市龙岗区坂田大发路 29 号 C 栋 1 楼
邮　　编：518000
版　　次：2017 年 4 月第 1 版第 1 次
开　　本：710mm×1000mm　1/16
印　　张：8
书　　号：ISBN 978-7-5357-9089-7
定　　价：32.80 元

前　言

你听说过不用烤箱就能做出来的蛋糕吗?

风靡欧美、日韩的冰盒蛋糕（Icebox Cake）做法简单，烘焙知识零基础的人都可以轻松完成。只需要轻松搅拌，再将材料叠一叠，最后放进冰箱“凉快凉快”就大功告成了。

冰盒蛋糕为什么能跟烤箱说“Bye bye”?

冰盒蛋糕的主体材料是饼干，如奥利奥饼干、威化饼、消化饼干、手指饼干等，中间的夹心馅由打发后的淡奶油、布丁或巧克力等一层一层堆叠而成，最后放入冰箱冷藏即可，口感类似提拉米苏。

从冰箱里取出蛋糕后，可根据自己的喜好，在蛋糕上摆上草莓、芒果等水果，或是把坚果、巧克力等压碎后撒在上方，也可以淋上果酱，或是用裱花袋挤上奶油。有了这些点缀，美味立刻升级!

还在等什么，赶快使用漂亮美观的透明冰盒，来制作刷爆朋友圈的蛋糕吧。

CONTENTS 目录

01 CHAPTER 材料准备

02 CHAPTER 美味的冰盒蛋糕

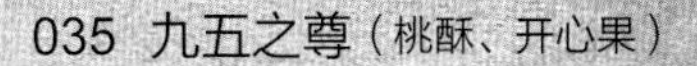

CHAPTER 01

材料准备

水果、饼干、黄油、淡奶油……

打蛋器、刮刀、不锈钢盆、电子秤……

提前准备好这些材料与工具，制作冰盒蛋糕立马变得很轻松。

现在就卷起袖子，准备挥动打蛋器吧！

制作冰盒蛋糕常用的材料

草莓酱

可以用来制作草莓布丁，或者是涂于蛋糕表面做装饰，又或者是与打发的淡奶油一起拌匀作为蛋糕内馅。

咖啡力娇酒

呈诱人的深咖啡色，闻起来有强烈的黑咖啡味道，刷在装饰的食材上，口感悠长、丰富、柔滑。

花生酱

质地细腻，具有花生固有的浓郁香气，作为冰盒蛋糕的内馅，或者是涂于蛋糕表面，吃起来味道不错。

蓝莓酱

我们常用来涂于面包片上。与草莓酱一样，可以用来制作布丁，或者是涂于蛋糕表面做装饰，又或者是与打发的淡奶油一起拌匀作为内馅。

白兰地

白兰地可以解除蛋糕的油腻感，巧克力口味的蛋糕中经常使用。

芝士
芝士一般用来作为冰盒蛋糕中间的夹馅，隔水熔化后，再加牛奶、香草精等材料拌匀，与打发的淡奶油混合。
栗子蓉
可以与打发好的淡奶油或牛奶配合使用，作为蛋糕的内馅。
黄油
冰盒蛋糕所用的黄油一定是无盐的（千万别买错了），用来和一定比例的饼干碎拌匀。
淡奶油
作为冰盒蛋糕最主要的内馅，买回来的淡奶油一定要冷藏，否则很难打发。打发淡奶油时，注意打发到出现明显纹路即可。
牛奶
哪里都有它的身影，一般与各种果酱、吉利丁片等材料混合，拌匀后再加入到打发的淡奶油中，制成蛋糕内馅。

制作冰盒蛋糕的基本工具

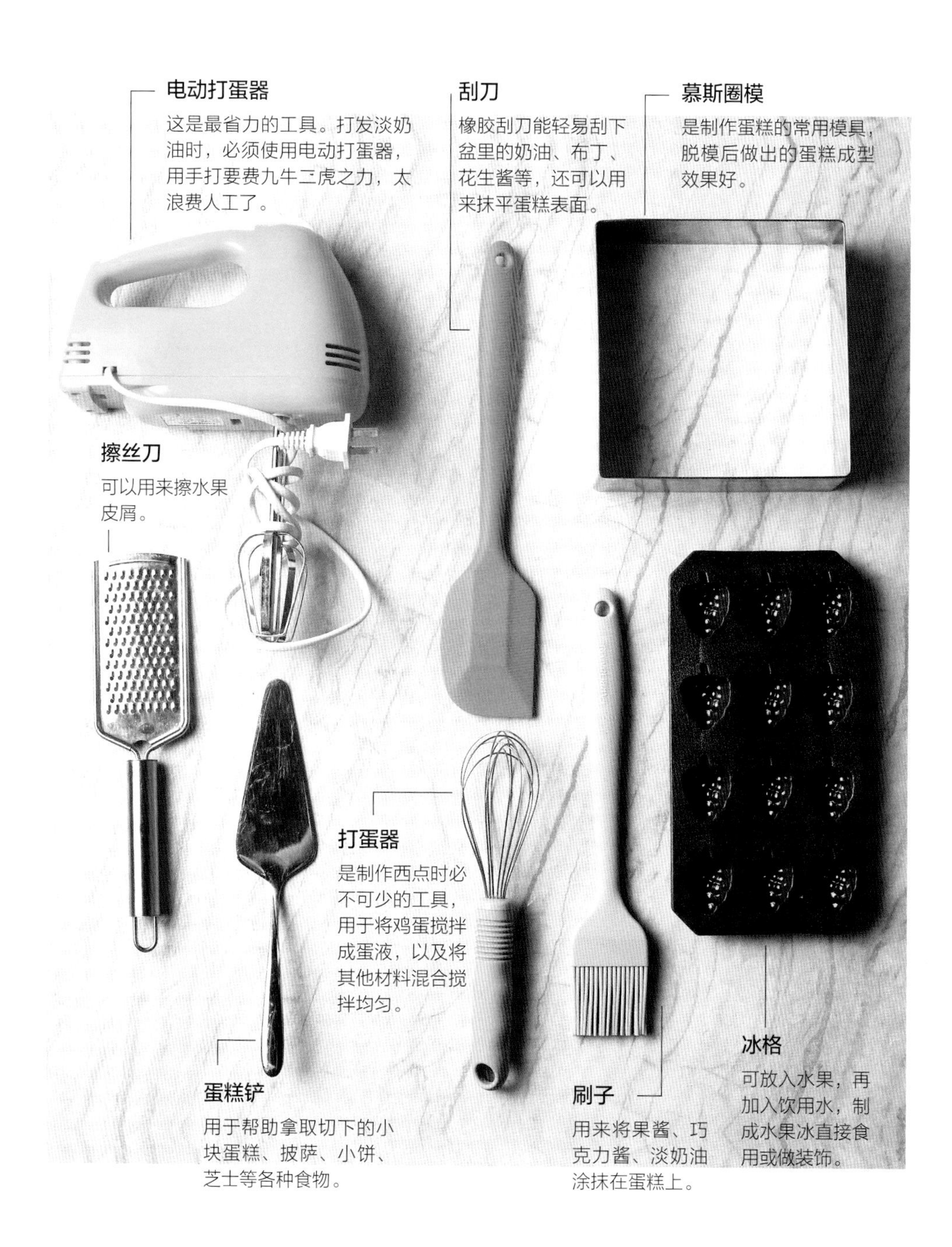

零食也能派上用场

猴头菇饼干

猴头菇饼干含有多种营养成分，作为冰盒蛋糕的饼底非常合适。

麦丽素

刚入口时有一股巧克力味道，随之而来的是浓郁的奶香味，可以碾碎后与饼干碎拌匀，也可以用来做装饰。

士力架

香浓的巧克力，包裹着焦糖、花生，可以随时随地补充能量，可熔化后作为蛋糕的内馅。

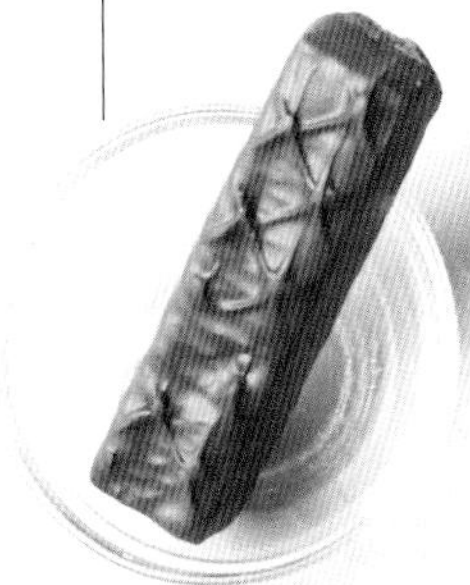

消化饼干

消化饼干与打发的淡奶油或布丁堆叠数层后，冷藏几个小时，即可软化，具有蛋糕口感。

威化饼干

一口咬下去，酥酥脆脆满口香。制作蛋糕时，可以先将威化饼干铺于容器的底部，待成品成型后，切出来不易散，成型相当漂亮。

手指饼干

用于制作冰盒蛋糕的手指饼干，内层像海绵一样湿软，外层则要稍微硬脆一点。

奥利奥饼干

奥利奥饼干买来后，需要刮去奶油，碾碎。也可以从网上购买现成的奥利奥饼干碎。

CHAPTER 02

美味的冰盒蛋糕

装饰上各种水果、坚果、布丁、巧克力、薄荷叶的冰盒蛋糕，有没有戳中你那一颗爱尝试的心？

也许，你与冰盒蛋糕只差一个转身的距离。

热恋时分

（费列罗、榛子酱）

2~3 人份　制作时间：15 分钟　冷藏时间：1 小时

材料 Ingredients

蛋糕坯材料：

奥利奥饼干 120 克
黄油 30 克
榛子酱 20 克
花生碎适量

蛋糕馅材料：

淡奶油 200 克
费列罗 2 颗
榛子酱 60 克
牛奶 100 毫升
可可粉 5 克
吉利丁片 5 克
黑巧克力碎适量

装饰：

费列罗、草莓各适量

做法 Procedure

1. 将奥利奥饼干扭开，刮去里面的奶油后，碾碎，备用。黄油隔水加热熔化，注意水温不能超过 50℃，以免黄油分层。

2. 在奥利奥饼干碎中加入黄油、20 克榛子酱、花生碎，拌匀后装入冰盒中，用勺背压平整，放入冰箱冷藏 30 分钟。

3. 吉利丁片泡入冷水中，备用。把牛奶分 3 次加入 60 克榛子酱中，用电动打蛋器拌匀。再将榛子牛奶加热至 40℃，加入吉利丁片拌匀至无颗粒状，关火。最后将 2 颗费列罗捏碎，放入榛子牛奶中，快速搅拌至熔化。

4. 将淡奶油倒入不锈钢盆中，加入可可粉，打至七成发，再分 2 次倒入步骤 3 中的榛子牛奶拌匀，即成蛋糕馅。

5. 从冰箱中取出冰盒，倒入蛋糕馅抹平，撒上黑巧克力碎，放入冰箱中，冷藏30分钟。

6. 从冰箱中取出冰盒，点缀上切好的费列罗和草莓即可。

薄爵先生

（薄荷叶、奥利奥）

2~3 人份　制作时间：17 分钟　冷藏时间：70 分钟

材料

Ingredients

蛋糕坯材料：

奥利奥饼干 200 克

黄油 60 克

巧克力威化饼干适量

蛋糕馅材料：

淡奶油 200 克

牛奶 50 毫升

薄荷糖浆 20 克

香草精 2 克

糖粉 10 克

薄荷叶碎适量

吉利丁片 5 克

装饰：

奥利奥饼干、奶油、薄荷叶碎各适量

做法 *Procedure*

1. 将奥利奥饼干扭开，刮去里面的奶油后，碾碎，备用。黄油隔水加热熔化，再加入到奥利奥碎中，拌匀，备用。

2. 将巧克力威化饼干铺入冰盒底部，再放入 1/2 拌好的奥利奥碎，压平，放入冰箱冷藏 30 分钟。

3. 吉利丁片用冷水泡软。牛奶加热后，放入泡软的吉利丁片，加入薄荷糖浆、香草精，搅拌均匀。

4. 淡奶油中加入糖粉，打发至出现少许纹路，分 3 次倒入步骤 3 中的混合液中，每次均打发至完全融合。

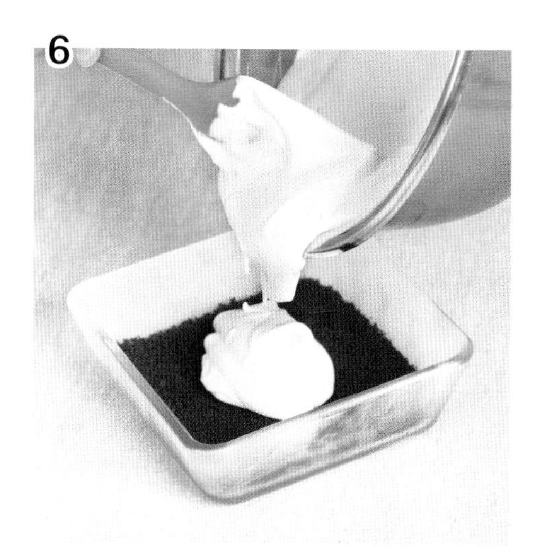

5. 将薄荷叶碎倒入步骤 4 中的淡奶油中，拌匀。

6. 从冰箱里取出冰盒，放入步骤 5 的一半淡奶油，抹平表面，再放入冰箱冷藏至表面凝固，约 20 分钟。

7. 再次取出冰盒，放入剩余的奥利奥碎，铺平，再倒入步骤 5 中剩余的淡奶油，再次放入冰箱冷藏至表面凝固。

8. 取出冰盒，撒上奥利奥饼干碎，中间放上奶油，最后撒上薄荷叶碎。

黄金海岸

（香蕉、奥利奥）

4 人份　制作时间：15 分钟　冷藏时间：50 分钟

材料 Ingredients

蛋糕坯材料：

奥利奥饼干碎 100 克

黄油 40 克

蛋糕馅材料：

香蕉 150 克

淡奶油 100 克

香草荚 1 个

牛奶 100 毫升

吉利丁片 5 克

炼乳 15 克

装饰：

奥利奥饼干碎、香蕉片、防潮糖粉各适量

做法 Procedure

1. 黄油切小块，隔水加热熔化，倒入奥利奥饼干碎中拌匀，备用。

2. 吉利丁片用冷水泡软。将牛奶和香蕉放入榨汁机中，榨成汁，将其加热后放入泡软的吉利丁片和香草荚，拌匀成香蕉牛奶，备用。

3. 将炼乳倒入淡奶油中打发。将步骤 2 中的香蕉牛奶分 3 次倒入打发的炼乳奶油中，拌匀制成香蕉奶油。

4. 冰盒底部铺上一层奥利奥黄油碎，倒入香蕉奶油，再铺上一层奥利奥黄油碎，放入冰箱冷藏约 30 分钟。

5. 取出冰盒，再抹上一层香蕉奶油，冷藏约 20 分钟。

6. 取出冰盒，将余下的香蕉奶油抹于顶部，在一半的香蕉奶油上撒上奥利奥饼干碎，余下的部分装饰上切好的香蕉片，最后撒上防潮糖粉即可。

欧培拉魔盒

（咖啡、奥利奥）

3 人份　制作时间：30 分钟　冷藏时间：70 分钟

材料 Ingredients

蛋糕坯材料：

消化饼干 200 克

烤熟的杏仁片 50 克

黄油 70 克

巧克力酱材料：

黑巧克力、淡奶油各 100 克

黄油 20 克

咖啡黄油馅材料：

咖啡粉 5 克

白砂糖 100 克

蛋黄液 60 克（3 个）

黄油 160 克

清水 30 毫升

装饰：

咖啡力娇酒 10 毫升、迷你型奥利奥饼干、奥利奥巧脆卷各适量

做法 Procedure

1. 将消化饼干、杏仁片压碎后，混合拌匀。将70克黄油隔水加热后倒入消化饼干碎中，拌匀，装入冰盒中，冷藏约 30 分钟。

2. 将黑巧克力隔水加热，拌至熔化后倒入淡奶油中，拌匀，再加入 20 克黄油，隔水加热，拌至黄油熔化，即成巧克力酱。

3. 取出冰盒，淋入巧克力酱，放入冰箱中，冷藏约 20 分钟至表面凝固。

4. 把白砂糖倒入盆中，加入 30 毫升清水，加热，煮成糖浆。蛋黄边搅边淋入糖浆，打至蛋黄液散热，摸起来不超过手温。

5. 将 160 克黄油加入到蛋黄液中，搅打至出现纹路，再加入咖啡粉，拌匀。取出冰盒，将咖啡黄油馅装入裱花袋中，挤在冰盒中，再倒入一层饼干碎，抹平。淋入一层巧克力酱，冷藏约 20 分钟。

6. 取出冰盒，挤上咖啡黄油馅，放上迷你型奥利奥饼干、奥利奥巧脆卷点缀，将咖啡力娇酒刷在装饰的材料上即可。

栗野仙踪

（栗子、芝士）

3 人份　制作时间：30 分钟　冷藏时间：70 分钟

材料

Ingredients

蛋糕坯材料：

手指饼干适量

蛋糕馅材料：

芝士 50 克

砂糖 20 克

淡奶油 220 克

栗子蓉 80 克

朗姆酒 5 毫升

吉利丁片 3 克

装饰：

栗子、扁桃仁、麦丽素、栗子蓉各适量

做法 *Procedure*

1. 吉利丁片放入冷水中泡软。

2. 芝士隔水加热软化，加入砂糖、40克淡奶油拌匀，放入泡软的吉利丁片，拌至无颗粒状。

3. 将芝士混合物与栗子蓉混合拌匀。

4. 将 180 克淡奶油打发至出现明显纹路，加入朗姆酒，搅拌均匀，再倒入栗子蓉混合物，拌匀。

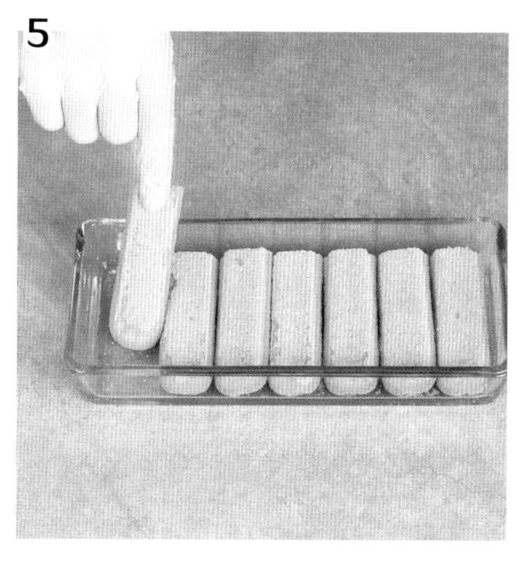

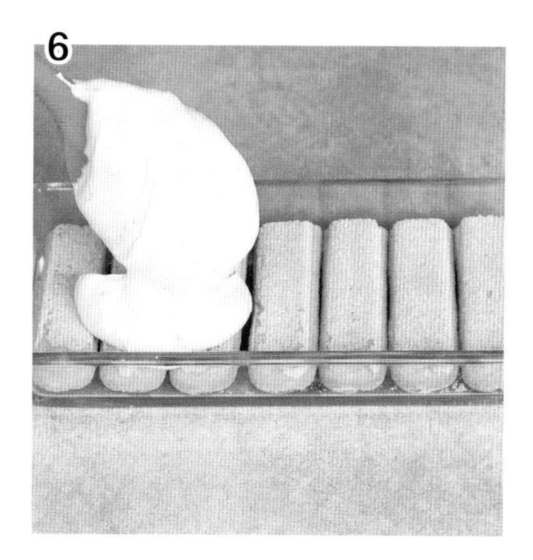

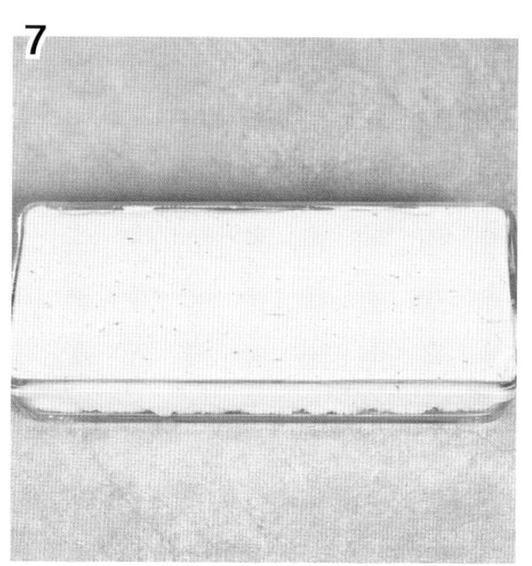

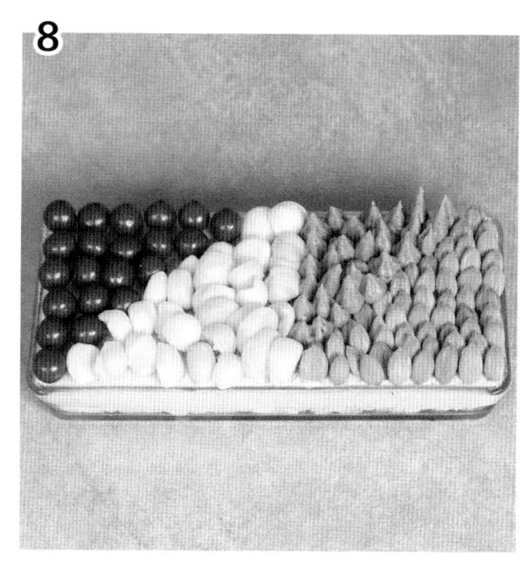

5. 冰盒底部铺一层手指饼干。

6. 将栗子淡奶油铺在手指饼干上，直至铺满整个冰盒。

7. 抹平淡奶油，放入冰箱，冷藏 1 小时以上。

8. 取出冰盒，装饰上麦丽素、栗子、扁桃仁，再将栗子蓉装入裱花袋中，挤到蛋糕顶部即可。

蔚蓝心情

（蓝莓鸡尾酒、消化饼干）

2~3 人份　制作时间：30 分钟　冷藏时间：4 小时

材料 Ingredients

蛋糕坯材料：

消化饼干 150 克

黄油 50 克

烤熟的杏仁片 50 克

蛋糕馅材料：

淡奶油 200 克

炼乳 20 克

香草荚 1 根

布丁材料：

蓝莓鸡尾酒 100 毫升

雪碧 200 毫升

吉利丁片 5 克

装饰：

糖粉适量

做法 Procedure

1. 将雪碧倒入蓝莓鸡尾酒中，拌匀后加入泡软的吉利丁片搅匀，放入冰箱冷藏凝固，约 2 小时。

2. 香草荚取其籽，放入淡奶油中，再加入炼乳打发至出现明显纹路。

3. 将消化饼干碾碎，黄油隔水加热熔化后倒入消化饼干碎中拌匀。

4. 将杏仁片碾碎后倒入拌好的消化饼干碎中拌匀。

5. 冰盒底部铺上一层打发的奶油，再铺上一层饼干杏仁碎，之后再铺上一层打发的奶油，一层饼干杏仁碎，之后冷藏 2 小时。

6. 最后将布丁取出切成块状，放于蛋糕顶部，最后再撒上糖粉即可。

相思抹茶

（蜜豆、抹茶）

4 人份　制作时间：30 分钟　冷藏时间：80 分钟

材料
Ingredients

蛋糕坯材料：

消化饼干 150 克
黄油 40 克
威化饼干适量
蜜豆 40 克

蛋糕馅材料：

牛奶 100 毫升
吉利丁片 5 克
抹茶粉 3 克
淡奶油 200 克
炼乳 20 克

装饰：

蜜豆、抹茶粉、防潮糖粉各适量

做法
Procedure

1. 将威化饼干从中间剖开，取大约两层厚度的饼干，铺在冰盒的底部。

2. 将消化饼干碾碎，黄油隔水加热熔化后倒入消化饼干碎中拌匀，再铺在威化饼干上面，放入冰箱冷藏 10 分钟至表面完全凝固。

3. 把牛奶和抹茶粉加热拌匀。吉利丁片用冷水泡软后，加入抹茶牛奶中，搅拌至无颗粒状，再倒入炼乳拌匀，放凉备用。

4. 将淡奶油打发至出现明显纹路，再将抹茶牛奶分 3 次倒入淡奶油中。

5. 取出冰盒，倒入淡奶油至冰盒的五分满，再放入冰箱冷藏 30 分钟。

6. 再次取出冰盒，倒入蜜豆铺平，再倒入剩余的消化饼干碎，压平，放入冰箱冷藏 10 分钟，再取出，铺上剩下的淡奶油，再次冷藏 30 分钟。

7. 最后取出冰盒，一半撒上防潮糖粉，另一半撒上抹茶粉，中间铺上剩下的蜜豆即可。

桃子脆脆

（黄桃、燕麦）

3 人份　制作时间：16 分钟　冷藏时间：90 分钟

材料
Ingredients

蛋糕坯材料：

消化饼干 100 克

黄油 30 克

蛋糕馅材料：

吉利丁片 5 克

黄桃适量

燕麦适量

淡奶油 180 克

炼乳 20 克

香草精 2 克

奶油力娇酒 5 毫升

装饰：

黄桃、彩砂糖各适量

做法 *Procedure*

1. 黄油切小块后，装入碗中，隔水加热熔化；消化饼干碾碎，将熔化的黄油加入消化饼干中，拌匀。

2. 冰盒中铺入一层拌好的消化饼，放入冰箱冷藏至表面凝固。

3. 吉利丁片泡冷水，30克淡奶油加热后，放入奶油力娇酒、泡软的吉利丁片，拌匀。

4. 将150克淡奶油和香草精、炼乳混合，一边打发，一边加入步骤3中的淡奶油。

5. 取出冰盒，加入一半已打发的淡奶油。

6. 铺上黄桃，撒上燕麦片。

7. 挤入剩下的淡奶油，抹平表面，冷藏 1 个小时至表面凝固。

8. 取出冰盒，装饰上黄桃和彩砂糖即可。

安格拉斯

（黑巧克力、芝士）

4 人份　制作时间：15 分钟　冷藏时间：2 小时

材料
Ingredients

蛋糕坯材料：

奥利奥饼干碎 150 克

黄油 50 克

蛋糕馅材料：

淡奶油 150 克

糖粉 5 克

黑巧克力 1 块

芝士酱材料：

淡奶油 50 克

糖粉 20 克

芝士 50 克

做法
Procedure

1. 取一块完整的黑巧克力，用勺子刮出巧克力碎，放置一旁，备用。

2. 黄油切小块后隔水加热熔化，倒入备好的奥利奥饼干碎中搅拌均匀，备用。

3. 150 克淡奶油中加入 5 克糖粉，用打蛋器打发，加入黑巧克力碎，拌匀备用。

4. 芝士中加入 20 克糖粉、50 克淡奶油打发成芝士酱，备用。

5. 冰盒底部铺上一层拌好的奥利奥碎，再依次放入一层打发的奶油、一层奥利奥碎，最后再铺上一层打发的奶油。

6. 最上面抹上一层步骤 4 中的芝士酱，撒上巧克力碎，放入冰箱冷藏 2 小时后取出即可食用。

斑斓世界

（彩糖、巧克力）

2~3 人份　制作时间：15 分钟　冷藏时间：8 小时

材料 Ingredients

蛋糕坯材料：

手指饼干适量

蛋糕馅材料：

牛奶 50 毫升

白巧克力 50 克

香草精 2 克

吉利丁片 5 克

淡奶油 180 克

装饰：

彩糖适量

做法 Procedure

1. 冰盒底部铺上一层手指饼干，备用；吉利丁片放入冷水中泡软，备用；淡奶油打发，备用。

2. 将白巧克力隔水加热熔化后，加入牛奶，加热混合拌匀，再加入吉利丁片和香草精，拌匀。

3. 将打发的淡奶油与白巧克力混合液拌匀。

4. 将适量的白巧克力淡奶油倒在手指饼上，抹平。

5. 再铺上一层手指饼，冷藏 1 个晚上。

6. 取出冰盒，倒入余下的白巧克力奶油，抹平，冷藏至表面凝固。

7. 取出冰盒，装饰上彩糖即可。

九五之尊

（桃酥、开心果）

6 人份　制作时间：18 分钟　冷藏时间：1.5 小时

材料
Ingredients

蛋糕坯材料：

桃酥 150 克
黄油 30 克
手指饼干适量
威化饼干适量

蛋糕馅材料：

奶油力娇酒 10 毫升
砂糖 20 克
香草精 3 克
吉利丁片 8 克
鸡蛋黄 3 个
柠檬汁 5 毫升
淡奶油 300 克

装饰部分：

桃酥碎（拌过黄油的）、开心果、
糖粉各适量

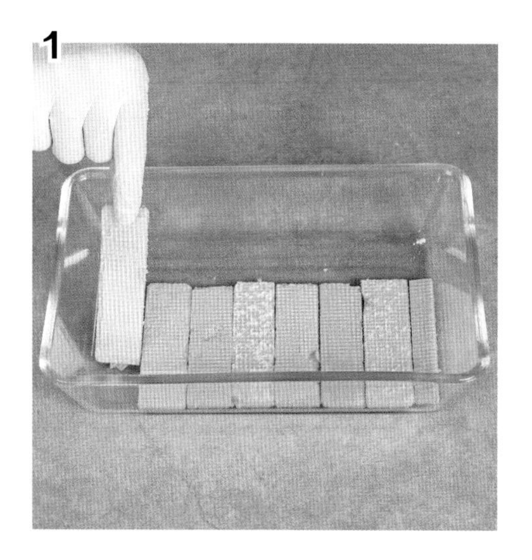

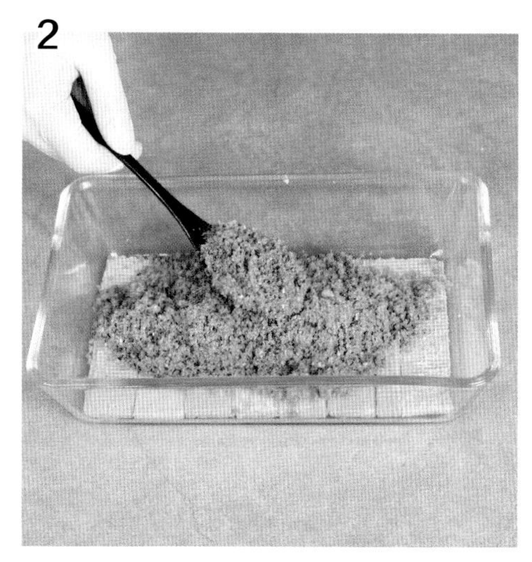

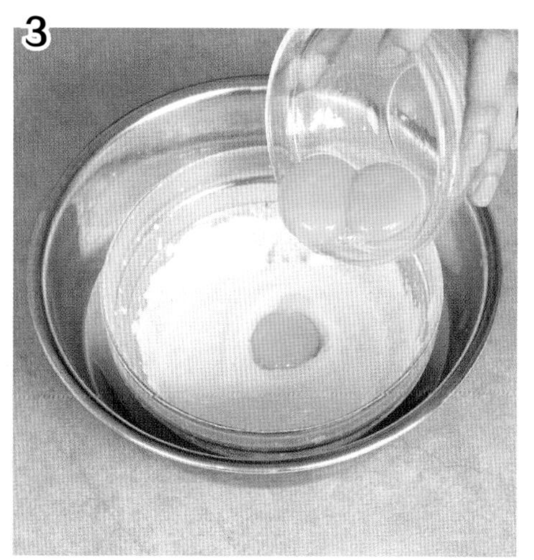

做法 *Procedure*

1. 250 克淡奶油打发，备用；吉利丁片放入冷水中泡软，备用；冰盒底部铺上约两层厚的威化饼干。

2. 黄油隔水加热熔化后，加入到碾碎的桃酥中拌匀，再在冰盒里铺上一层拌好的桃酥，冷藏至凝固。

3. 隔水加热 50 克淡奶油，加入砂糖、奶油力娇酒、柠檬汁、香草精拌匀，再加入鸡蛋黄、吉利丁片拌匀。

4. 将蛋黄液倒入剩下的 250 克淡奶油

中拌匀。

5. 取出冰盒，将淡奶油混合物倒在桃酥上，抹平。

6. 铺上一层手指饼干，将余下的淡奶油混合物倒在手指饼干上，抹平。

7. 再倒入装饰部分用的桃酥碎至冰盒满，冷藏 1 小时。

8. 取出冰盒，装饰上糖粉、开心果即可。

玫瑰有约

（草莓、酸奶）

2~3 人份　制作时间：15 分钟　冷藏时间：4 小时

材料
Ingredients

蛋糕坯材料：
消化饼干碎 150 克
黄油 40 克

蛋糕馅材料：
淡奶油 200 克
草莓酸奶 100 克
草莓酱 50 克

布丁材料：
草莓酱 100 克
雪碧 200 毫升
吉利丁片 5 克

装饰：
草莓、蓝莓各适量

做法
Procedure

1. 将雪碧倒入 100 克草莓酱中，拌匀后加入泡软的吉利丁片，搅拌均匀，放入冰箱冷藏约 2 小时至凝固，备用。

2. 淡奶油中加入草莓酸奶打发后，加入 50 克草莓酱继续打发。

3. 黄油切小块隔水加热熔化后，倒入消化饼干碎中拌匀，铺在冰盒底部。

4. 草莓洗净，对半切开，切口处朝外，将其立着摆放于冰盒的四边。

5. 将步骤 2 中打发的草莓奶油装入裱花袋中，挤到铺好的饼干碎上，抹匀。

6. 再铺上一层步骤 1 中做好的草莓布丁，倒入余下的草莓奶油，放入冰箱冷藏 2 小时。

7. 将冰盒取出，装饰上切成小瓣的草莓和适量蓝莓即可。

流金岁月

（芒果、蓝莓）

2~3 人份　制作时间：15 分钟　冷藏时间：1 小时

材料
Ingredients

蛋糕坯材料：

消化饼干碎 150 克
黄油 50 克

蛋糕馅材料：

芒果肉 300 克
淡奶油 200 克
吉利丁片 3 克
牛奶 100 毫升

装饰：

芒果、蓝莓各适量

做法
Procedure

1. 将芒果肉打成泥，其中 100 克果泥加入牛奶煮热，再加入泡软的吉利丁片，拌匀，放入冰箱冷藏固形，制成芒果布丁。

2. 在余下的 200 克芒果泥中加入 50 克淡奶油，混合加热制成芒果奶油，放凉备用。

3. 黄油切小块隔水加热熔化后，倒入饼干碎中拌匀。

4. 将余下的 150 克淡奶油打发至八成，加入芒果奶油，一边倒入，一边打发至其混合均匀。

5. 冰盒底部铺上一层拌好的消化饼干碎，抹上一层芒果奶油，铺上一层消化饼干碎，再抹上一层芒果奶油，抹平。

6. 最后倒入芒果布丁，抹平，放入冰箱冷藏 1 小时后取出，装饰上芒果、蓝莓即可。

快乐驿站

（士力架、奥利奥）

2~3 人份　制作时间：15 分钟　冷藏时间：3 小时

材料
Ingredients

蛋糕坯材料：

奥利奥饼干碎 180 克
黄油 40 克
黑色威化饼干适量

蛋糕馅材料：

士力架 100 克
牛奶 50 毫升
吉利丁片 5 克
淡奶油 180 克
白兰地 5 毫升
柠檬汁 5 毫升
黑巧克力适量

装饰：

奶油、草莓各适量

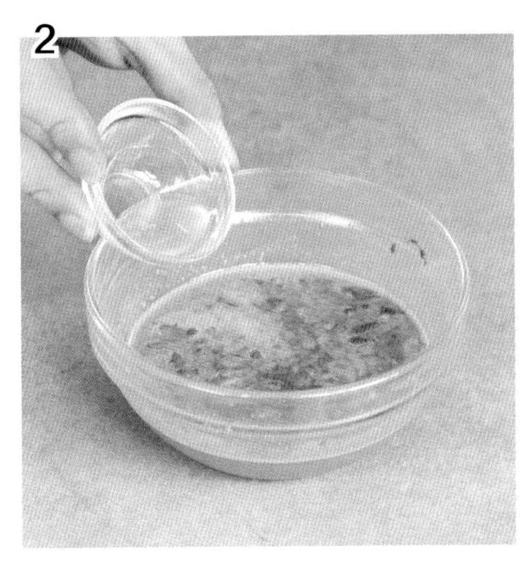

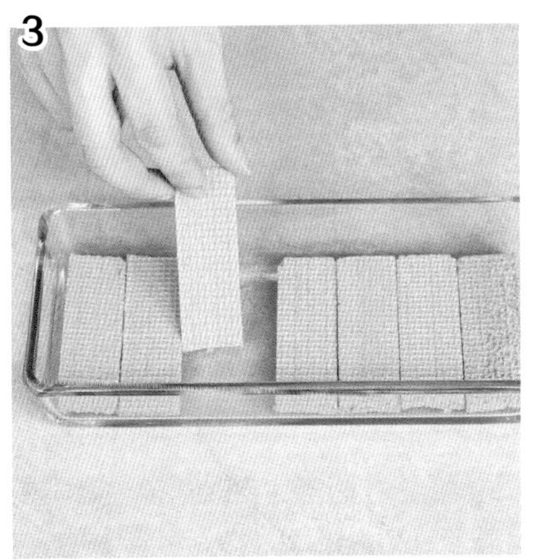

做法 *Procedure*

1. 将吉利丁片泡冷水，备用；士力架隔水加热熔化后，倒入牛奶拌匀。

2. 再往士力架牛奶里加入白兰地、柠檬汁拌匀，加入泡软的吉利丁片，待熔化拌匀后，再将容器从热水中取出，制成士力架牛奶。

3. 威化饼干掰为约两层厚度的几块，铺于冰盒底部。

4. 淡奶油打发后，加入士力架牛奶混合均匀。

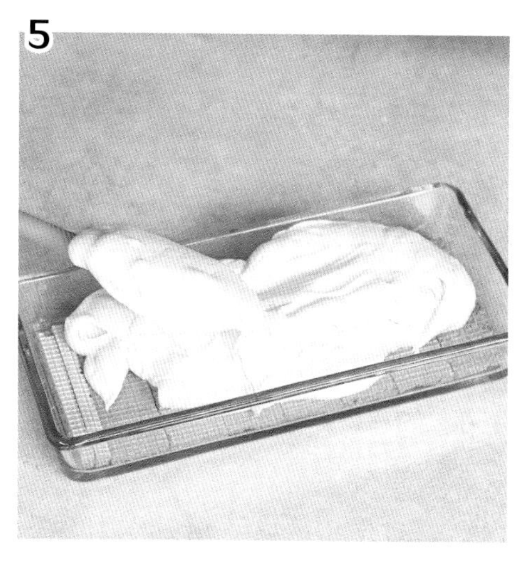

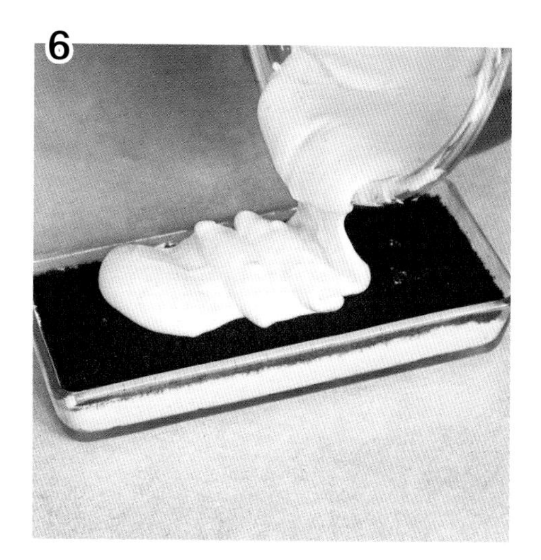

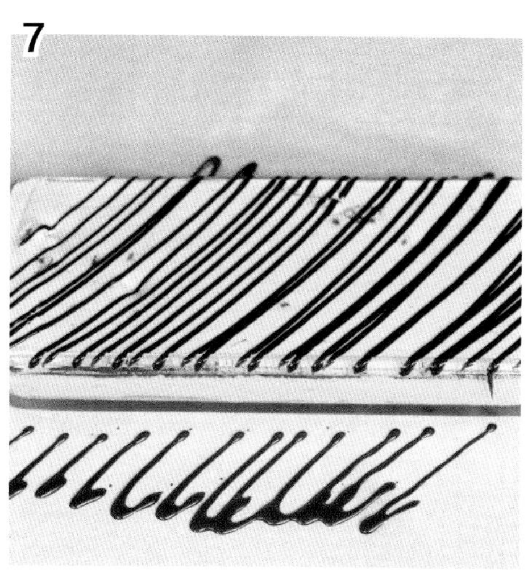

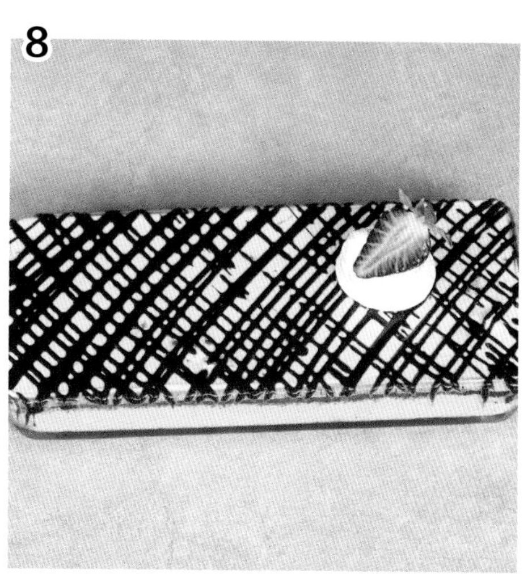

5. 将约一半的士力架牛奶倒在威化饼干上，抹平，冷藏 1 小时。

6. 将黄油隔水加热熔化后与奥利奥饼干碎拌匀；取出冰盒，倒入拌好的饼干碎，再将余下的奶油倒入冰盒中，抹平。

7. 将隔水加热熔化的黑巧克力装入裱花袋中，挤到蛋糕表面，冷藏 2 小时。

8. 取出冰盒，将奶油挤到蛋糕上，再装饰上切成小瓣的草莓即可。

甜在心窝

（香瓜、杏仁片）

2~3 人份　制作时间：15 分钟　冷藏时间：2 小时

材料 *Ingredients*

蛋糕坯材料：

消化饼干碎 150 克

黄油 50 克

蛋糕馅材料：

淡奶油 200 克

吉利丁片 2 克

香瓜 1 个

装饰：

杏仁片适量

香瓜瓣、糖粉各适量

做法 *Procedure*

1. 黄油切小块隔水加热熔化后，倒入消化饼干碎中拌匀，备用。

2. 香瓜洗净削皮后，将一部分切成三角形瓜瓣，余下的去籽，榨成果汁后加热混合吉利丁片，放凉备用。

3. 将淡奶油与香瓜汁以 8：2 的比例倒入冰盒中，再加入糖粉，将其打发。

4. 将切瓣的香瓜摆于冰盒的四边，最好让其与冰盒等高，再在冰盒底部铺上一层拌好的消化饼干碎。

5. 饼干碎上倒入打发的香瓜奶油，再铺上饼干碎，高度与冰盒等高。

6. 顶部的中间装饰上小三角形瓜瓣，两边分别撒上适量的杏仁片，放入冰箱冷藏 2 小时后将其取出，撒上适量糖粉即可。

心梦情缘

（巧克力、威化饼干）

4 人份　制作时间：15 分钟　冷藏时间：1 小时

材料

Ingredients

蛋糕坯材料：

巧克力威化饼干适量

蛋糕馅材料：

巧克力酱 150 克

吉利丁片 5 克

白兰地 5 毫升

淡奶油 200 克

芝士 80 克

砂糖 40 克

黑巧克力 150 克

装饰：

消化饼干碎、蓝莓、草莓各适量

做法 *Procedure*

1. 威化饼干铺于冰盒底部；吉利丁片放入冷水中泡软，备用；装饰用黑巧克力隔水加热熔化，备用。

2. 在铺有威化饼干的冰盒中再倒入巧克力酱，抹平。

3. 芝士中加入砂糖隔水加热熔化，加入泡软的吉利丁片拌匀。

4. 再加入白兰地拌匀，制成芝士酱，备用。

5. 将淡奶油打发后,加入芝士酱拌匀。

6. 将芝士淡奶油装入裱花袋中，挤1/3的量于冰盒中，冷藏30分钟。

7. 取出冰盒，放入威化饼干，冷藏30分钟后取出，淋上熔化的黑巧克力，冷藏至凝固。

8. 取出冰盒,撒上适量的消化饼干碎,点缀上草莓、蓝莓即可。

榴芒大叔

（榴莲、芒果）

2~3 人份　制作时间：30 分钟　冷藏时间：90 分钟

材料
Ingredients

蛋糕坯材料：

消化饼干 150 克
黄油 40 克
威化饼干适量

蛋糕馅材料：

芝士 50 克
芒果 100 克
榴莲肉 100 克
牛奶 50 毫升
砂糖 30 克
吉利丁片 5 克
淡奶油 250 克

装饰：

白巧克力碎适量

做法
Procedure

1. 威化饼干铺入冰盒中垫底；消化饼干碾碎，黄油熔化，将黄油倒入消化饼干中，拌匀后铺在威化饼干上，放入冰箱中冷藏 30 分钟。

2. 吉利丁片用冷水泡软，再把牛奶和砂糖隔水加热，放入吉利丁片拌匀，分成两部分。芒果去皮，取一半切小块榨汁，然后倒入牛奶吉利丁片中混合均匀。榴莲肉去核，装入碗中打散，将剩余的牛奶吉利丁片倒入榴莲肉中，打散备用。

3. 将芝士隔水加热软化，加入 50 克淡奶油，拌匀后放入 200 克淡奶油中，打发至淡奶油出现明显纹路，备用。

4. 取步骤 3 中的奶油浆，一半与芒果混合，一半与榴莲混合，搅拌至完全融合。

5. 取出冰盒，中间放一块威化饼干做隔断，再将步骤 4 中的芒果浆和榴莲浆分别放入威化饼干两侧，抹平，放入冰箱冷藏 1 小时以上后，取出冰盒，一侧放上芒果块，另一侧放入白巧克力碎装饰即可。

金色记忆

（榴莲、消化饼干）

2~3 人份　制作时间：16 分钟　冷藏时间：3 小时

材料
Ingredients

蛋糕坯材料：

消化饼干 100 克

黄油 30 克

蛋糕馅材料：

砂糖 40 克

蛋黄 2 个

吉利丁片 5 克

榴莲肉 200 克

淡奶油 180 克

白兰地 5 毫升

装饰：

奥利奥巧脆卷适量

草莓少许

做法 *Procedure*

1. 吉利丁片放入冷水中泡软。准备一锅热水，放入装有蛋黄的玻璃碗，倒入砂糖，搅打至蛋黄呈半凝固状后放入吉利丁片，搅打至完全熔化，备用。

2. 将榴莲肉去核，装碗，用打蛋器打散，与蛋黄混合，加入白兰地去腥，搅打成糊。

3. 将淡奶油打发至出现明显纹路。

4. 将步骤 2 中的糊分 3 次加入淡奶油中，每次都搅拌均匀，混合成原浆。

5. 将消化饼干碾碎，黄油隔水加热熔化，再将黄油与饼干混合搅拌均匀。

6. 将步骤 4 中的原浆倒满至冰盒的一半高，冷藏 30 分钟，再倒入消化饼干碎冷藏 30 分钟。

7. 取出冰盒，再将剩余的原浆倒入冰盒抹平，放入冰箱冷藏 2 小时，至表面完全凝固。

8. 取出冰盒，用奥利奥巧脆卷和草莓装饰即可。

热恋

（焦糖、苹果、奥利奥）

2~3 人份　制作时间：20 分钟　冷藏时间：2 小时

材料 Ingredients

蛋糕坯材料：

黄油 50 克

奥利奥饼干碎 150 克

蛋糕馅材料：

黄油 100 克

牛奶 100 毫升

鸡蛋黄 3 个

生粉 20 克

砂糖 40 克

苹果汁 20 毫升

1 颗柠檬的皮碎

低筋面粉 3 克（约 1 茶匙）

焦糖布丁材料：

砂糖 80 克

雪碧 200 毫升

吉利丁片 5 克

装饰：

苹果 1 个

做法 Procedure

1. 将 80 克砂糖放入洗净的锅中炒至焦黄色后，加入适量雪碧继续搅拌至浓稠状，加入吉利丁片，拌匀，即成焦糖布丁。

2. 将牛奶倒入 100 克黄油中加热熔化后，备用。

3. 将蛋黄搅打成液体状，加入生粉、砂糖、苹果汁、柠檬皮碎、低筋面粉，隔热水拌匀。

4. 再将加入黄油的牛奶倒入步骤 3 中的混合液中，继续隔热水拌匀至成为苹果酱。

5. 将 50 克黄油隔水加热熔化后，倒入奥利奥饼干碎中拌匀。

6. 将拌好的饼干碎铺于冰盒底部，上面抹上一层苹果酱，再铺上一层焦糖布丁。

7. 再铺上一层饼干碎，最后铺上一层苹果酱，将其抹平后放入冰箱冷藏 2 小时。

8. 将苹果洗净、去核、切成薄片备用，将冻好的蛋糕取出，装饰上苹果片即可。

火舞青春

（火龙果、蓝莓）

2~3 人份　制作时间：20 分钟　冷藏时间：1 小时

材料
Ingredients

蛋糕坯材料：

消化饼干碎 150 克

黄油 50 克

蛋糕馅材料：

淡奶油 150 克

牛奶 50 毫升

火龙果 1 个

砂糖 30 克

吉利丁片 3 克

装饰：

烤熟的杏仁片 50 克

火龙果、蓝莓、蓝莓酱、糖粉各适量

做法
Procedure

1. 将消化饼干碎与熔化的黄油混合，拌匀；将火龙果肉打成泥，与牛奶、砂糖混合加热后，关火，再加入泡软的吉利丁片，拌匀备用。

2. 将 150 克的淡奶油打发，再加入步骤 1 中混合好的火龙果泥拌匀。

3. 取出冰盒，先铺上一层饼干碎，再铺一半步骤 2 中的火龙果奶油，再将蓝莓平铺在上面，最后倒入剩下的火龙果奶油。

4. 将放好材料的冰盒，放入冰箱，冷藏 1 个小时。

5. 取出冰盒，先撒上一层杏仁片，再放上适量的火龙果、蓝莓和蓝莓酱装饰，最后再过筛撒上一层糖粉即可。

柠香蜜语

（柠檬、芝士）

2~3 人份　制作时间：20 分钟　冷藏时间：2 小时

材料

Ingredients

蛋糕坯材料：

柠檬味威化饼干适量

蛋糕馅材料：

芝士 60 克

砂糖 30 克

牛奶 60 毫升

柠檬汁 20 毫升

吉利丁片 5 克

柠檬 1 个

淡奶油 180 克

装饰：

泡过蜂蜜的柠檬片适量

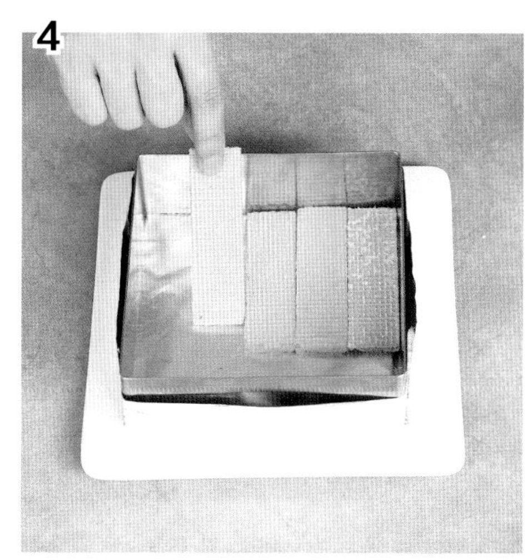

做法 *Procedure*

1. 将芝士放入碗中，倒入砂糖，隔水加热至软化，拌匀，再加入泡软的吉利丁片，搅拌均匀。

2. 将牛奶加入碗中，拌匀后加入柠檬汁，拌匀备用。

3. 将柠檬洗净后，用擦丝刀将它的皮擦成屑。

4. 用锡箔纸将方形慕斯钢圈包好后放在平盘上，将柠檬味威化饼干掰为约两层厚的块后，铺于底部。

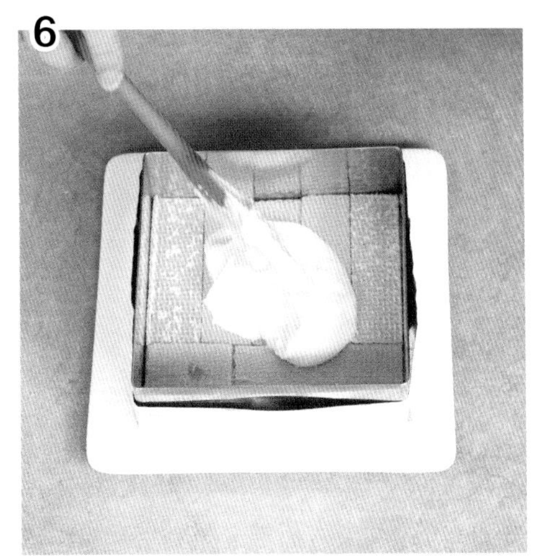

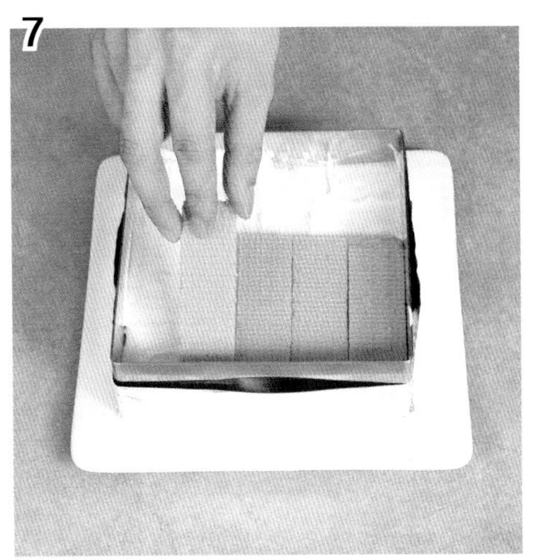

5. 淡奶油打发，将柠檬芝士酱倒入打发的淡奶油中，再加入柠檬皮屑拌匀，制成柠檬奶油。

6. 将约一半的柠檬奶油倒入铺了威化饼干的冰盒中，抹平。

7. 再铺上约两层厚的威化饼干，将余下的柠檬奶油倒入冰盒中，抹平后放入冰箱冷藏 2 小时。

8. 将其取出，装饰上泡过蜂蜜的柠檬片即可。

冰河裂谷

（白巧克力、蓝莓鸡尾酒）

2~3 人份　制作时间：20 分钟　冷藏时间：5 小时

材料 Ingredients

蛋糕坯材料：
消化饼干碎 150 克
黄油 50 克

蛋糕馅材料：
白巧克力、淡奶油各 200 克
牛奶 200 毫升
吉利丁片 5 克

布丁材料：
蓝莓鸡尾酒 200 毫升
雪碧 100 毫升
吉利丁片 5 克

装饰：
糖粉适量

做法 Procedure

1. 将吉利丁片放入冷水中泡软；雪碧加热，放入吉利丁片，拌至均匀，倒入蓝莓鸡尾酒，再次拌匀后放入冰箱冷藏 2 小时。

2. 白巧克力隔水加热熔化后，其中的一半倒入铺好保鲜膜的烤盘中，放入冰箱冷藏 2 小时以上，做成薄片。

3. 牛奶中加入泡软的吉利丁片，加热融合后，倒入余下的白巧克力液中，拌至色泽均匀，制成牛奶白巧克力液。

4. 将淡奶油打发后，倒入牛奶白巧克力液，拌匀制成白巧克力奶油。

5. 将黄油切小块隔水加热熔化后，倒入饼干碎，将其拌匀。在冰盒底部铺上一层饼干碎，抹上一层白巧克力奶油，再铺上一层饼干碎，抹上一层白巧克力奶油。

6. 放入做好的布丁，再将做好的白巧克力薄片弄碎，放于布丁上。将其放入冰箱冷藏 1 小时，取出撒上适量的糖粉即可。

心有所属

（水蜜桃鸡尾酒、芒果）

2~3 人份　制作时间：18 分钟　冷藏时间：3 小时

材料
Ingredients

蛋糕坯材料：

消化饼干碎 150 克

黄油 40 克

威化饼干适量

蛋糕馅材料：

吉利丁片 5 克

淡奶油 200 克

糖粉 15 克

炼乳 10 克

香草精 2 克

布丁材料：

吉利丁片 5 克

水蜜桃鸡尾酒 200 毫升

雪碧 100 毫升

装饰：

芒果适量

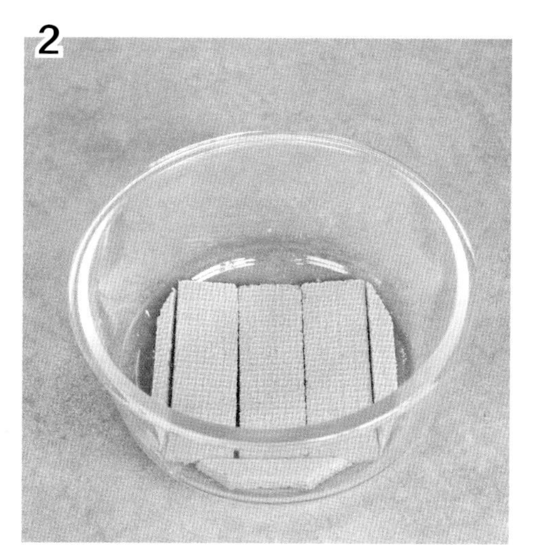

做法 *Procedure*

1. 将 5 克吉利丁片放入冷水中泡软备用；将雪碧加热，放入泡软的吉利丁片，拌至均匀，倒入水蜜桃鸡尾酒，再次拌匀后放入冰箱冷藏 2 小时。

2. 将威化饼干掰成约为两层厚的块，铺于冰盒的底部。

3. 将黄油隔水加热熔化，加入消化饼干碎拌匀，将其铺于威化饼干上，铺平，冷藏至其凝固。

4. 将 5 克吉利丁片放入冷水中泡软；50 克淡奶油隔水加热熔化后，放入泡软的吉利丁片拌匀。

5. 在 150 克淡奶油中加入吉利丁片淡奶油，再加入糖粉、炼乳、香草精拌匀，打发制成奶油。

6. 将冰盒取出，倒入奶油；将布丁、芒果均取出切成方块；将布丁块撒在冰盒里，芒果块撒在另一半奶油上。

7. 将余下的奶油倒到布丁、芒果上，抹平后冷藏 1 小时。

8. 取出冰盒，再撒上余下的布丁、芒果块即可。

黑森林

（黑巧克力、樱桃鸡尾酒）

4 人份　制作时间：20 分钟　冷藏时间：4 小时

材料 Ingredients

蛋糕坯材料：

奥利奥饼干碎 150 克
黄油 50 克

蛋糕馅材料：

淡奶油 150 克
可可粉 5 克
牛奶 50 毫升
黑巧克力 50 克
吉利丁片 5 克

布丁材料：

樱桃鸡尾酒 200 毫升
雪碧 100 毫升
吉利丁片 5 克

装饰：

黑巧克力碎适量
糖粉适量
樱桃 4 颗

做法 Procedure

1. 将雪碧倒入樱桃鸡尾酒中，加入泡软的吉利丁片拌匀，放入冰箱冷藏至凝固，备用。

2. 将牛奶加热，在加热过程中放入泡软的吉利丁片，搅匀。

3. 黑巧克力隔水加热熔化，倒入步骤 2 中的牛奶，做成巧克力牛奶。

4. 150 克淡奶油中加入可可粉，打发至可见纹路后，将其中的 130 克分 3 次加入巧克力牛奶中拌匀，做成巧克力奶油。

5. 将黄油隔水加热熔化后，倒入饼干碎中拌匀。

6. 在冰盒中铺好保鲜膜，底部倒入巧克力奶油，放入冰箱冷冻至凝固。

7. 取出冰盒，铺上一层樱桃布丁，倒入巧克力奶油至九分满，冷藏至摸起来不粘手。

8. 取出冰盒，铺上饼干碎，冷藏 2 小时。

9. 取出蛋糕，倒扣在盘子上，撕去保鲜膜，将剩余的 20 克淡奶油抹于蛋糕表面后，撒上巧克力碎，再撒上糖粉，放上樱桃即可。

纯真记忆

（酸奶、威化饼干）

2~3 人份　制作时间：20 分钟　冷藏时间：2 小时

材料
Ingredients

蛋糕坯材料：

威化饼干适量

蛋糕馅材料：

原味酸奶 200 克

芝士 50 克

砂糖 20 克

吉利丁片 6 克

柠檬汁 5 毫升

淡奶油 180 克

装饰：

草莓适量

柠檬片 1 片

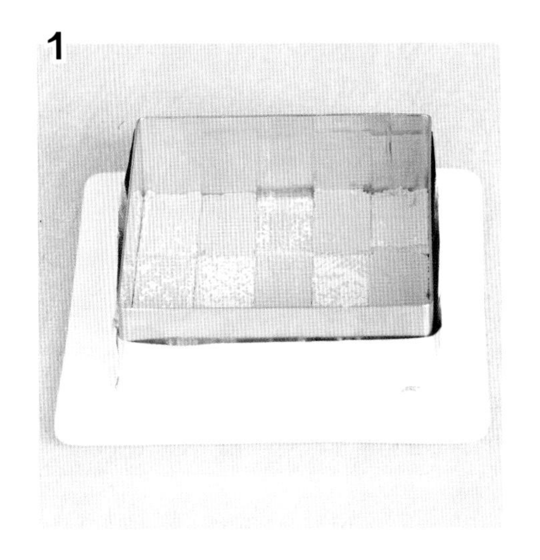

做法 *Procedure*

1. 将慕斯钢圈包上锡箔纸，威化饼干铺入冰盒底部垫底。

2. 将吉利丁片泡冷水软化，芝士、砂糖、柠檬汁加入碗中隔水加热软化。

3. 加入泡软的吉利丁片，拌匀至无颗粒状。

4. 往加了吉利丁片的芝士浆中倒入原味酸奶，搅拌均匀，备用。

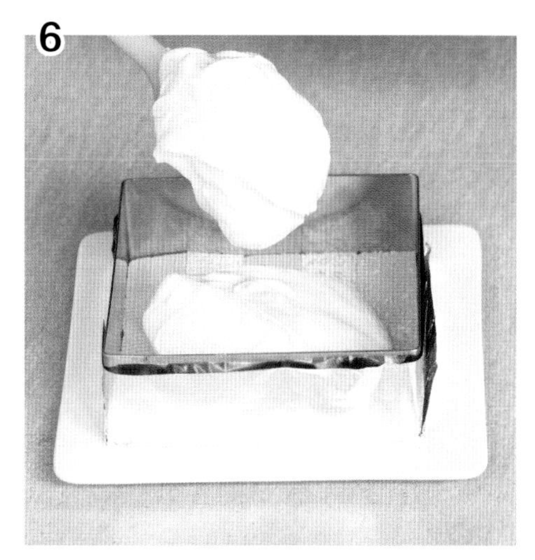

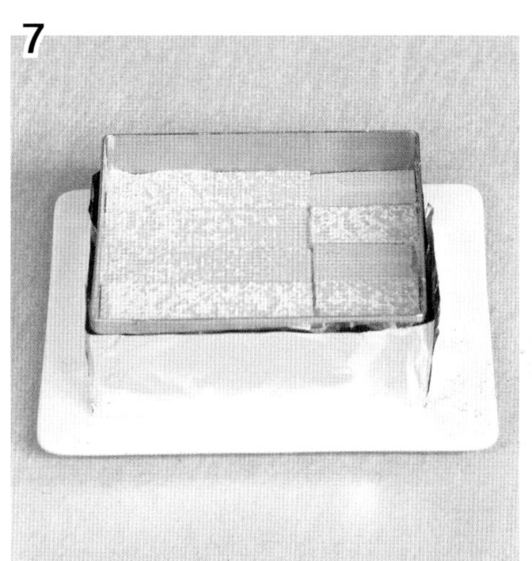

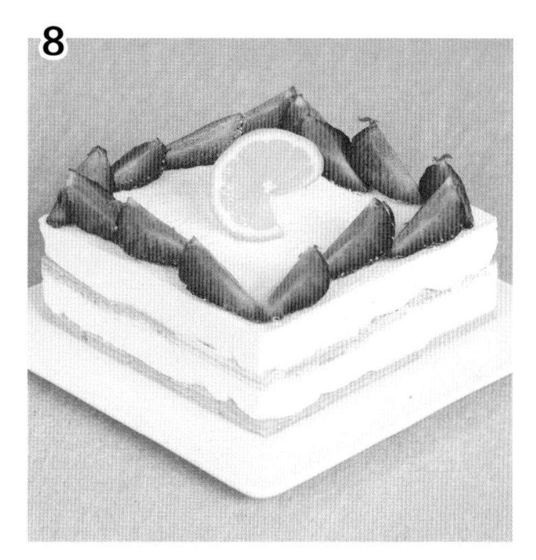

5. 将混合了酸奶的芝士浆分 3 次倒入淡奶油中，一边倒入，一边打发。

6. 将一半打发好的淡奶油倒入铺了威化饼干的慕斯钢圈中，抹平。

7. 再铺入一层威化饼干，将剩下的打发好的淡奶油倒入，抹平，最后放入冰箱冷藏约 2 小时至表面凝固。

8. 取出慕斯钢圈，脱模，放上草莓和柠檬即可。

幸福洋溢

（葡萄柚、消化饼干）

2~3 人份　制作时间：20 分钟　冷藏时间：140 分钟

材料
Ingredients

蛋糕坯材料：
消化饼干碎 150 克
黄油 50 克
花生碎 20 克

蛋糕馅材料：
淡奶油 170 克
糖粉 15 克
橙汁 20 毫升
柠檬皮碎适量

布丁材料：
柚皮丝 100 克
雪碧 200 毫升
吉利丁片 5 克
柠檬汁 5 毫升

装饰：
葡萄柚 1 个
蓝莓、薄荷叶各适量

做法
Procedure

1. 将柚皮丝倒入少量雪碧中泡 2 小时。

2. 雪碧中加入吉利丁片拌匀，过筛后倒入泡好的柚皮雪碧中，再加入 5 毫升柠檬汁，放入冰箱冷藏大约 2 小时至凝固。

3. 橙汁里加入 20 克的淡奶油，混合均匀做成橙汁奶油。

4. 将柠檬皮碎、糖粉放入 150 克淡奶油中搅打至六成发，倒入橙汁奶油，打发至出现纹路。

5. 黄油切小块隔水加热熔化后，倒入饼干碎中，再加入花生碎，拌匀后倒入冰盒底部。

6. 再抹上一层混合好的奶油，放入冰箱冷藏约 20 分钟。

7. 取出冰盒，放上做好的柚皮布丁，装饰上葡萄柚片、蓝莓、薄荷叶即可。

浓情金沙

（夏威夷果、扁桃仁、花生）

4 人份　制作时间：15 分钟　冷藏时间：30 分钟

材料 Ingredients

蛋糕坯材料：

消化饼干碎 150 克

黄油 40 克

蛋糕馅材料：

淡奶油 200 克

黑巧克力 30 克

夏威夷果碎、扁桃仁、花生碎各 30 克

装饰：

夏威夷果碎、扁桃仁、花生碎、奥利奥巧脆卷、麦丽素、核桃各适量

做法 Procedure

1. 黄油隔水加热熔化后倒入消化饼碎中拌匀。

2. 将消化饼碎装入冰盒中，用勺背压平整，放入冰箱中冷藏，备用。

3. 将黑巧克力连碗一起放入热水锅中加热，搅拌至黑巧克力熔化，备用。

4. 将淡奶油倒入盆中，用电动打蛋器搅打片刻，加入熔化的黑巧克力，搅打至七成发（液体可以轻微流动，有纹路），即成蛋糕馅。

5. 从冰箱中取出冰盒，倒入一半蛋糕馅抹平，再震一下，防止出现气泡。

6. 均匀地撒上夏威夷果碎、扁桃仁、花生碎，再按压入蛋糕馅中。

7. 倒入剩余的蛋糕馅抹平，再震一下，防止出现气泡，放入冰箱中冷藏 30 分钟。

8. 取出冰盒，放上奥利奥巧脆卷分隔成几块，分别填入剩余的夏威夷果碎、扁桃仁、花生碎、麦丽素、核桃仁即可。

脆脆芝恋

（榛子、芝士）

4 人份　制作时间：15 分钟　冷藏时间：90 分钟

材料

Ingredients

蛋糕坯材料：

奥利奥饼干碎 150 克

黄油 40 克

威化饼干适量

蛋糕馅材料：

芝士 50 克

牛奶 50 毫升

吉利丁片 5 克

榛子酱 50 克

榛子碎 30 克

熟杏仁片 30 克

淡奶油 200 克

装饰：

糖粉、可可粉、开心果、榛子碎各适量

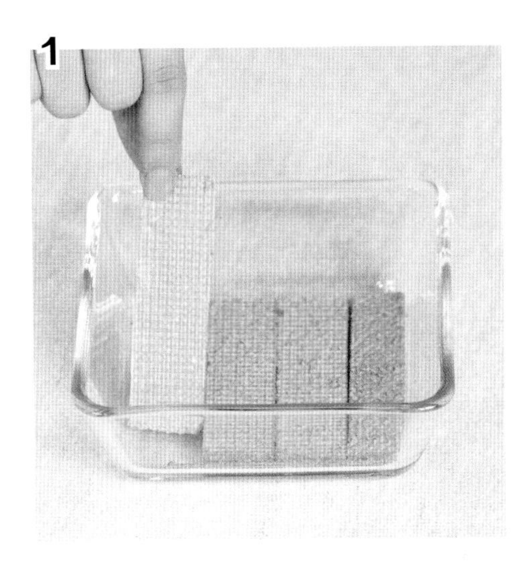

做法 *Procedure*

1. 将威化饼干铺入冰盒中。

2. 将黄油隔水加热熔化后，加入到奥利奥碎中拌匀，再将奥利奥碎平铺放入装有威化饼干的冰盒中，放入冰箱冷藏 30 分钟。

3. 吉利丁片泡冷水；芝士隔水加热软化，加入泡软的吉利丁片拌匀，分 2 次加入牛奶，每次都分别拌匀。

4. 将芝士牛奶分 2 次倒入榛子酱中，拌匀。

5. 将步骤 4 中的芝士浆分 3 次倒入淡奶油中，一边倒入一边打发，至奶油出现明显纹路。

6. 从冰箱中取出冰盒，将步骤 5 中一半的打发奶油倒入冰盒中，抹平，放入冰箱冷藏至表面凝固，再从冰箱中取出冰盒，撒上榛子碎和熟杏仁片，铺上威化饼干。

7. 倒入剩下的淡奶油，抹平，放入冰箱冷藏至表面凝固。

8. 取出冰盒，撒上可可粉和糖粉，点缀上开心果和榛子碎即可。

白色恋人

（白巧克力、桑葚）

4 人份　制作时间：15 分钟　冷藏时间：2 小时

材料 *Ingredients*

蛋糕坯材料：

消化饼干碎 120 克

黄油 40 克

蛋糕馅材料：

白巧克力 100 克

桑葚 100 克

白巧克力碎适量

牛奶 100 毫升

吉利丁片 5 克

淡奶油 200 克

装饰：

白巧克力碎、桑葚适量

做法 *Procedure*

1. 白巧克力隔水加热熔化，备用。

2. 黄油切小块，隔水加热熔化后，倒入消化饼干碎，拌匀备用。

3. 将淡奶油打发，备用。

4. 将桑葚、牛奶用榨汁机打成果汁后，过筛，加热，倒入泡软的吉利丁片拌匀，再加入白巧克力液拌匀，倒入打发的奶油搅拌均匀，做成桑葚奶油。

5. 在冰盒中铺好保鲜膜，倒入一部分桑葚奶油，再撒上一层白巧克力碎，再倒入桑葚奶油，再撒上白巧克力碎，再铺上一层黄油饼干碎，放入冰箱冷藏 2 小时以上。

6. 将冰盒从冰箱中取出，倒扣在备好的盘子上，脱去模具，撕去保鲜膜，全部抹上一层打发的奶油，撒上白巧克力碎，装饰上桑葚即可。

情意绵绵

（榛子酱、消化饼干）

4 人份　制作时间：15 分钟　冷藏时间：5 小时

材料

Ingredients

蛋糕坯配料：

消化饼干碎 150 克

黄油 40 克

蛋糕馅配料：

牛奶 60 毫升

吉利丁片 6 克

榛子酱 20 克

淡奶油 150 克

布丁材料：

牛奶 200 毫升

榛子酱 50 克

巧克力酱 20 克

可可粉 10 克

吉利丁片 5 克

装饰：

巧克力酱、榛子碎、草莓各适量

做法 *Procedure*

1. 5克吉利丁片放入冷水中泡软备用，牛奶加热后放入泡软的吉利丁片，拌至熔化，加入榛子酱、巧克力酱、可可粉拌匀，冷藏2小时。

2. 黄油隔水加热熔化后和消化饼干碎拌匀，取出冰盒，铺上一层消化饼干碎，冷藏30分钟。

3. 6克吉利丁片放入冷水中泡软备用，将牛奶和榛子酱混合，隔水加热后，放入吉利丁片拌匀，做成榛子牛奶。

4. 将淡奶油打发，倒入榛子牛奶中拌匀，做成榛子奶油。

5. 取出冰盒，铺上一半的榛子奶油，冷藏 1 小时。

6. 取出冰盒，加入榛子布丁。

7. 倒入剩下的榛子奶油至冰盒顶部，冷藏 2 小时至凝固。

8. 取出冰盒，淋上一层巧克力酱，撒上榛子碎、草莓即可。

平安夜

（苹果、消化饼干）

2~3 人份　制作时间：15 分钟　冷藏时间：4 小时

材料 Ingredients

蛋糕坯配料：

消化饼干碎 150 克
黄油 50 克
姜汁红糖 50 克

蛋糕馅配料：

淡奶油 250 克
糖粉 25 克
炼乳 15 克

苹果馅配料：

苹果 1 个（约 250 克）
白砂糖 60 克
柠檬汁 6 毫升
朗姆酒 6 毫升
融化的黄油 5 毫升
肉桂粉 2 克

装饰：

苹果片适量

做法 Procedure

1. 将 50 克黄油连碗一起放入热水锅中加热，搅拌至黄油熔化，倒入姜汁红糖，搅拌至红糖熔化。将红糖汁倒入备好的消化饼干碎中拌匀，再将一半的消化饼干碎装入冰盒中，用勺背压平整，放入冰箱中冷藏。

2. 洗净的苹果削去外皮，切成块，泡入柠檬水（少许柠檬汁兑水）中，防止氧化。

3. 锅中倒入 5 毫升熔化的黄油烧热，倒入 30 克白砂糖，炒成焦糖，转中小火，捞出苹果放入锅中，翻炒至焦糖完全包裹在苹果上，再加入剩余的白砂糖、柠檬汁、朗姆酒，拌炒至水分烧干，倒入碗中，撒上肉桂粉，拌匀，做成苹果馅。

4. 淡奶油打至出现少许纹路，加入糖粉、炼乳，打至出现明显纹路，做成蛋糕馅。

5. 取出冰盒，倒入苹果馅，铺均匀，再将打发的奶油倒入冰盒中抹平，冷藏 4 小时。

6. 取出冰盒，摆上苹果片即可。

香浓巧乐

（花生、巧克力酱）

2~3 人份　制作时间：30 分钟　冷藏时间：180 分钟

材料

Ingredients

蛋糕坯配料：

奥利奥饼干碎 100 克

黄油 30 克

蛋糕馅配料：

花生碎 50 克

花生酱 20 克

巧克力酱 100 克

牛奶 120 毫升

吉利丁片 6 克

淡奶油 200 克

装饰：

花生碎适量

做法 *Procedure*

1. 黄油隔水加热熔化，与奥利奥饼干碎混合，搅拌均匀。

2. 慕斯钢圈先包上一层锡箔纸，取一半奥利奥饼干碎，倒入底部，冷藏备用。

3. 吉利丁片用清水泡软，花生酱、巧克力酱混合加热，加入泡软的吉利丁片快速搅拌，慢慢地倒入牛奶，边倒入边搅拌。

4. 取 150 克淡奶油打发至出现明显纹路，再将步骤 3 中的混合液分 3 次加入淡奶油中，制作成慕斯原浆，将花生碎倒入慕斯原浆中稍微搅拌。

5. 取出慕斯钢圈，将混合好的原浆倒一半在饼干上，冷藏至表面凝固。

6. 取出慕斯钢圈，倒入剩下的奥利奥饼干碎，铺平。

7. 倒入剩下的慕斯原浆，再次冷藏至表面凝固。

8. 取出慕斯钢圈，脱模，四周抹上花生碎即可。

玫瑰庄园

（干玫瑰花、蓝莓）

2~3 人份　制作时间：30 分钟　冷藏时间：140 分钟

材料 *Ingredients*

蛋糕坯配料：

消化饼干碎 150 克

黄油 50 克

蛋糕馅配料：

淡奶油 200 克

吉利丁片 8 克

干玫瑰花 10 克

蓝莓酱 60 克

蓝莓 9 颗

雪碧 150 毫升

做法 *Procedure*

1. 将干玫瑰花倒入碗中，放入温水，泡开；将 5 克吉利丁片泡入冷水中，备用。

2. 黄油隔水加热熔化后倒入消化饼干中拌匀，再将一半的消化饼干碎装入冰盒中，压平，冷藏。

3. 取 50 克淡奶油，放入热水锅中加热至 40℃，放入泡软的吉利丁片，快速搅拌均匀。

4. 将 150 克淡奶油打至出现少许纹路，加入拌了吉利丁片的淡奶油，倒入蓝莓酱，搅打至出现明显纹路，做成蛋糕馅。

5. 取出冰盒，倒入一半蛋糕馅抹平，摆好蓝莓，冷藏 30 分钟后取出冰盒，倒入剩下的消化饼干碎，覆上保鲜膜，冷藏 10 分钟。

6. 将 3 克吉利丁片泡入冷水中，将雪碧倒入盆中，加热约 1 分钟，放入吉利丁片搅匀。

7. 取出冰盒，揭开保鲜膜，倒入剩余的蛋糕馅抹平，冷藏 30 分钟至凝固。

8. 取出冰盒，淋上拌好的雪碧，撒上泡好的玫瑰花瓣，再冷藏 1 小时以上即可。

踏雪寻莓

（椰蓉、草莓）

2~3 人份　制作时间：15 分钟　冷藏时间：3 小时

材料 Ingredients

蛋糕坯配料：

消化饼干 150 克
黄油 40 克
椰蓉 25 克

蛋糕馅配料：

淡奶油 200 克
糖粉 20 克
枫糖 20 克
椰汁 150 毫升
吉利丁片 5 克

装饰：

椰蓉、草莓各适量

做法 Procedure

1. 将消化饼干碾碎，黄油隔水加热后倒入消化饼干碎中拌匀，再加入椰蓉拌匀。

2. 将一半的消化饼干碎装入冰盒中，用勺背压平整，冷藏 30 分钟。

3. 将吉利丁片泡入冷水中，把椰汁倒入锅中，加入枫糖，隔水加热，搅拌至枫糖熔化后放入吉利丁片，搅匀。

4. 将淡奶油倒入盆中，用电动打蛋器搅动片刻，加入糖粉，搅打至液体可以轻微流动，有纹路，再分 3 次倒入椰浆拌匀，做成蛋糕馅。

5. 取出冰盒，倒入一半蛋糕馅，直接放入冰箱，冷藏 40 分钟以上，至表面凝固。

6. 取出冰盒，倒入剩余的消化饼干碎，用勺背压平整，倒入剩余的蛋糕馅，震一下，防止出现泡沫，放入冰箱中，冷藏 2 小时以上，至表面凝固。

7. 取出冰盒，撒上一层椰蓉，点缀上草莓即可。

星晴

（椰蓉、桑葚）

2~3 人份　制作时间：15 分钟　冷藏时间：90 分钟

材料 Ingredients

蛋糕坯配料：

奥利奥饼干碎 150 克

黄油 50 克

椰蓉适量

蛋糕馅配料：

淡奶油 200 克

炼乳 10 克

椰蓉 30 克

桑葚适量

装饰：

桑葚、白巧克力碎各适量

做法 Procedure

1. 将椰蓉、炼乳加入淡奶油中打发后，再一边加入桑葚一边高速搅拌，继续将其打发。

2. 将黄油切小块隔水加热熔化后倒入奥利奥饼干碎中，加入适量椰蓉，拌匀备用。

3. 冰盒底部铺上一层打发的奶油，放入冰箱冷藏 30 分钟。

4. 取出冰盒，铺上一层奥利奥饼干碎，再放入冰箱冷藏 30 分钟。

5. 取出冰盒，倒入剩下的打发奶油，放入冰箱冷藏 30 分钟。

6. 将冷藏好的蛋糕取出，顶部装饰上桑葚、白巧克力碎即可。

爱的礼物

（红枣、芝士）

2~3 人份　制作时间：15 分钟　冷藏时间：3.5 小时

材料 Ingredients

蛋糕坯配料：

消化饼干碎 150 克

黄油 40 克

威化饼干适量

蛋糕馅配料：

去核红枣 100 克

芝士 50 克

砂糖 20 克

红枣酸奶 200 毫升

吉利丁片 7 克

淡奶油 150 克

装饰：

车厘子适量

做法 Procedure

1. 红枣用搅拌机打碎；吉利丁片放入冷水中泡软；芝士隔水加热软化后，加入砂糖拌匀，放入泡软的吉利丁片，拌匀后加入红枣酸奶拌匀。

2. 将黄油隔水加热熔化后与消化饼干碎拌匀，备用。

3. 淡奶油打发后加入红枣碎、芝士红枣酸奶混合物，拌匀。

4. 将威化饼干铺于冰盒底部，再铺上一层黄油消化饼干碎，倒入约一半的红枣淡奶油，冷藏 30 分钟。

5. 取出冰盒，铺上一层威化饼干，再铺上一层黄油消化饼干碎，冷藏 1 小时。

6. 取出冰盒，倒入剩下的红枣淡奶油，抹平，冷藏 2 小时。

7. 取出冰盒，装饰上车厘子即可。

榛子脆脆

（榛子、奥利奥）

2~3 人份　制作时间：15 分钟　冷藏时间：2 小时

材料
Ingredients

蛋糕坯配料：

奥利奥饼干碎 150 克

黄油 40 克

威化饼干适量

蛋糕馅配料：

榛子碎 50 克

巧克力酱 50 克

花生酱 30 克

榛子酱 20 克

可可粉 5 克

吉利丁片 5 克

淡奶油 200 克

装饰：

榛子碎适量

糖粉适量

迷你型奥利奥饼干 1 块

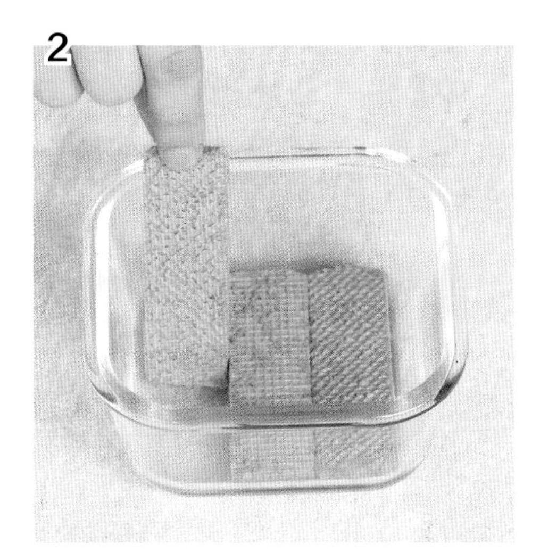

做法 *Procedure*

1. 黄油隔水加热熔化，再加入到奥利奥饼干碎中，拌匀备用。

2. 将威化饼干放入冰盒，再放入部分奥利奥饼干碎，压平，冷藏 30 分钟。

3. 将巧克力酱、花生酱、榛子酱倒入碗中，隔水加热。

4. 待温度超过 30℃时，再加入泡软的吉利丁片，拌匀至无颗粒状。

5. 淡奶油中加入可可粉，打发至表面出现明显纹路后，再将步骤 4 中的混合酱分 3 次加入，依次拌匀。

6. 取出冰盒，再将步骤 5 中的淡奶油混合物的一半倒入冰盒中抹平。

7. 表面撒上榛子碎后，放入冰箱冷藏至表面凝固。

8. 再次取出冰盒，倒入剩下的奥利奥饼干碎，铺上剩下的步骤 5 中的淡奶油混合物，放入冰箱冷藏至表面凝固。取出冰盒，撒上榛子碎，再撒上糖粉，中间放上奥利奥点缀即可。

莱茵河畔

（黑巧克力、奥利奥）

2~3 人份　制作时间：15 分钟　冷藏时间：120 分钟

材料 Ingredients

蛋糕坯配料：

奥利奥饼干 200 克

黄油 60 克

蛋糕馅配料：

淡奶油 180 克

鸡蛋 1 个

鸡蛋黄 3 个（约 60 克）

黑巧克力 65 克

牛奶 50 毫升

白砂糖 100 克

吉利丁片 3 克

清水 30 毫升

做法 Procedure

1. 刮去奥利奥饼干中间的奶油芯，再碾碎，黄油隔水加热熔化后，倒入饼干碎中拌匀，取一半装入冰盒中压平，冷藏 30 分钟。

2. 将白砂糖隔水加热，倒入 30 毫升清水，搅拌成糖浆。蛋黄倒入盆中，再加入鸡蛋，搅打至颜色变淡，边搅打边淋入煮好的糖浆，搅打至温度下降、颜色泛白。

3. 将吉利丁片泡冷水，黑巧克力隔水加热熔化，加入牛奶拌匀，放入吉利丁片拌匀。另一部分留在碗中，继续放在热水中，以用于装饰。将一部分黑巧克力牛奶酱倒入已经放凉的蛋黄液中拌匀，备用。

4. 将淡奶油打至七成发后加入步骤 3 中的拌好的巧克力牛奶酱，搅拌均匀，做成蛋糕馅。

5. 取出冰盒，把一半蛋糕馅倒入其中，冷藏 30 分钟以上后取出，把剩余的饼干碎倒入其中，铺平，再倒入蛋糕馅。最后将剩下的巧克力牛奶酱挤在蛋糕上，再用牙签转圈画出花纹，放入冰箱，冷藏 30 分钟即可。

黑白配

（黑、白巧克力）

4 人份　制作时间：15 分钟　冷藏时间：120 分钟

材料

Ingredients

蛋糕坯配料：

奥利奥饼干碎 60 克

消化饼干碎 60 克

黄油 20 克

威化饼干适量

蛋糕馅配料：

牛奶 150 毫升

砂糖 30 克

炼乳 10 克

吉利丁片 5 克

淡奶油 200 克

朗姆酒 5 毫升

香草精 2 克

黑、白巧克力各 100 克

装饰：

草莓、蓝莓各少许

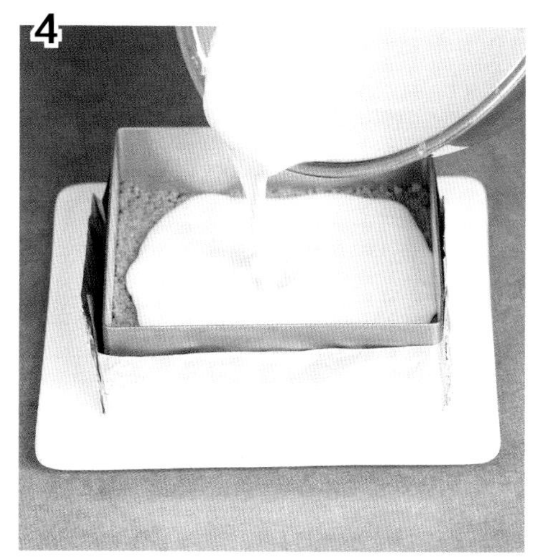

做法 | *Procedure*

1. 将黄油融化后，分成两部分，分别加入到消化饼干碎和奥利奥饼干碎中，拌匀。用锡箔纸将慕斯钢圈包好，底部铺上威化饼干，再铺一层消化饼干碎，压平，冷藏至表面凝固。

2. 将白巧克力隔水加热熔化后，倒入50克淡奶油，拌匀，制作成白巧克力甘纳许。黑巧克力甘纳许也依此法完成。

3. 牛奶加热后，加入砂糖、炼乳、泡软的吉利丁片、朗姆酒，拌匀。100克淡奶油中加入香草精打发，倒入拌

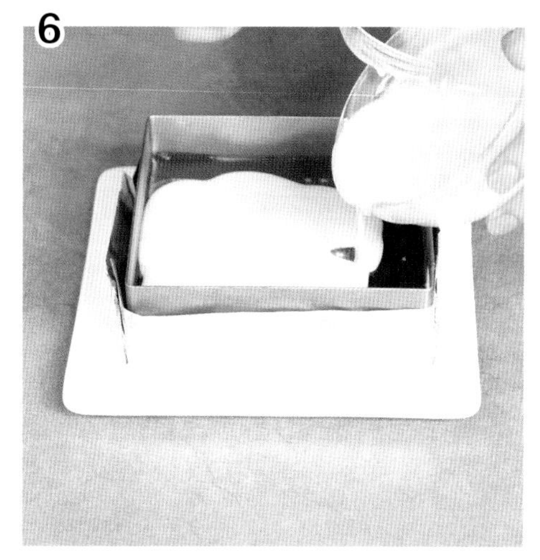

匀的牛奶，搅拌均匀，做成牛奶奶油。

4. 取出冰盒，铺上一层牛奶奶油，冷藏。

5. 取出冰盒，倒入黑巧克力甘纳许覆盖整个表面，冷藏 20~30 分钟。

6. 取出冰盒，倒入白巧克力甘纳许覆盖整个表面，冷藏 20~30 分钟。

7. 取出冰盒，撒上奥利奥饼干碎，铺平，倒入余下的牛奶奶油，抹平，冷藏至表面凝固后取出，将黑、白巧克力分别挤于蛋糕顶部，冷藏。

8. 取出冰盒，脱去模具，四边压上威化饼干，装饰上草莓、蓝莓即可。

提拉米苏

（芝士、手指饼干）

4 人份　制作时间：15 分钟　冷藏时间：1 小时

材料 Ingredients

蛋糕坯配料：
手指饼干适量

蛋糕馅配料：
奶油芝士 70 克
马氏卡邦芝士 30 克
牛奶 100 毫升
白砂糖 30 克
咖啡粉 5 克
吉利丁片 5 克
朗姆酒 5 毫升
白兰地 5 毫升
咖啡酒 5 毫升
柠檬汁 5 毫升
淡奶油 180 克

装饰：
可可粉、防潮糖粉各适量

做法 Procedure

1. 将奶油芝士和马氏卡邦芝士放入碗中，加入白砂糖、咖啡粉，隔水软化。

2. 吉利丁片用清水泡软，放入芝士中，搅拌至吉利丁片完全融化后，倒入牛奶，一边倒一边搅拌，再倒入白兰地、咖啡酒、朗姆酒、柠檬汁拌匀。

3. 将淡奶油打发至出现明显纹路，再将步骤 2 中的材料分 3 次加入，每次加入时均需搅拌均匀，制作成提拉米苏原浆。

4. 根据冰盒大小，将手指饼干切成合适大小，铺入冰盒中，倒入部分提拉米苏原浆，再铺一层手指饼干，倒入剩下的原浆，铺平。

5. 放入冰箱冷藏 1 小时。

6. 取出冰盒，撒上可可粉、防潮糖粉装饰即可。

幸福魔方

（冰激凌）

4 人份　制作时间：15 分钟　冷藏时间：1 小时

材料

Ingredients

蛋糕坯配料：

威化饼干适量

消化饼干碎 50 克

黄油 20 克

蛋糕馅配料：

淡奶油 200 克

糖粉 15 克

柠檬汁 5 毫升

炼乳 10 克

吉利丁片 5 克

香草精 2 克

装饰：

草莓适量

草莓味冰激凌适量

菠萝味冰激凌适量

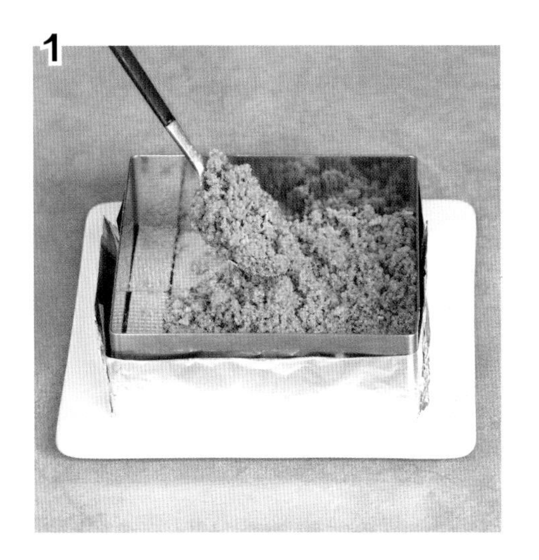

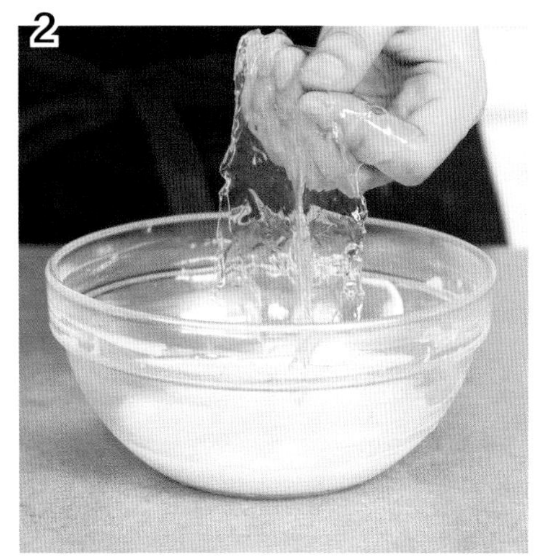

做法 *Procedure*

1. 将黄油熔化后，加入到消化饼干碎中拌匀。用锡箔纸将慕斯钢圈包好，底部铺上约二层厚的威化饼干，再铺上一层消化饼干碎，铺平，冷藏至凝固。

2. 在50克淡奶油中加入柠檬汁、炼乳、香草精，隔水加热拌匀后，倒入提前用冷水泡软的吉利丁片混合均匀。

3. 将150克淡奶油打发后加入糖粉拌匀，再将两种淡奶油混合物混合在一起，拌匀。

4. 将适量拌匀的淡奶油混合物倒入消化饼干碎上，抹平，冷藏至凝固。

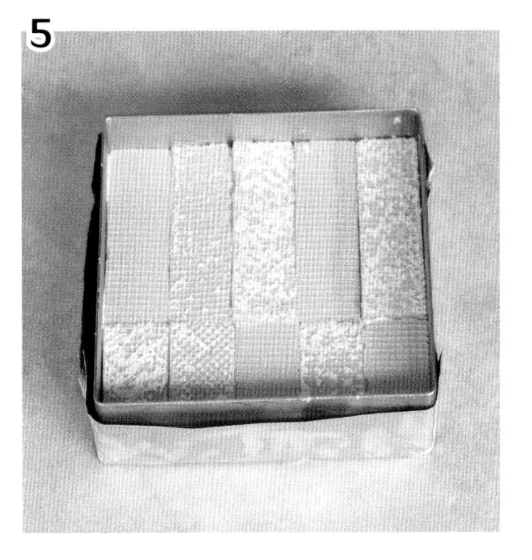

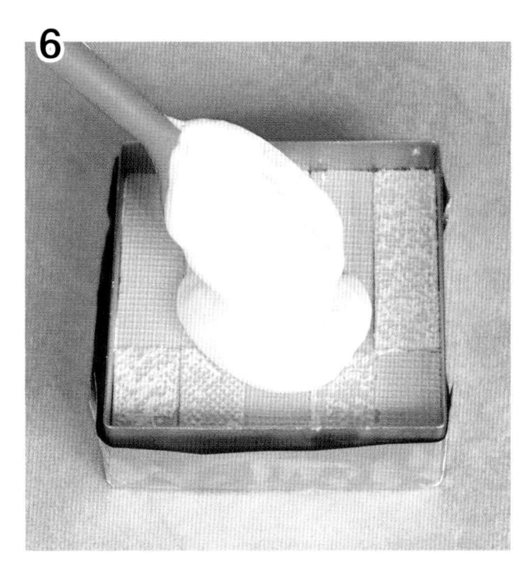

5. 取出冰盒，铺上一层威化饼干，冷藏至凝固。

6. 取出冰盒，倒入余下的淡奶油混合物，抹平，冷藏 1 小时。

7. 草莓洗净切片。取出冰盒，撕掉锡箔纸，脱去模具，装饰上草莓片。

8. 将草莓味冰激凌取出，用搅拌机打散，装入裱花袋中，挤到草莓上。将菠萝味冰激凌取出，挖一圆球装饰于顶部即可。

蜜望

（拿破仑酥）

4 人份 制作时间：15 分钟 冷藏时间：90 分钟

材料 Ingredients

蛋糕坯材料：

消化饼干碎 100 克，黄油 20 克

蛋糕馅材料：

栗子蓉 100 克，吉利丁片 8 克，榛子酱 20 克，淡奶油 280 克，花生酱 30 克，牛奶 200 毫升

装饰：

拿破仑酥适量

做法 Procedure

1. 黄油隔水加热熔化后与消化饼干碎拌匀。将 3 克的吉利丁片泡冷水，100 克淡奶油隔水加热后，放入吉利丁片、栗子蓉，拌匀。

2. 牛奶中加入榛子酱、花生酱，隔水加热拌匀，再加入 5 克泡软的吉利丁片，拌匀。

3. 将 180 克淡奶油打发后，与步骤 3 中的混合物拌匀。冰盒中铺入一层消化饼，冷藏至凝固后取出，铺上淡奶油混合物，冷藏。

4. 取出冰盒，铺上步骤 2 中的栗子蓉混合物，抹平，冷藏至凝固后取出，铺上剩下的淡奶油混合物，抹平，顶部装饰上拿破仑酥即可。